KLEINE TEXTE FÜR THEOLOGISCHE UND PHILOLOGISCHE
VORLESUNGEN UND ÜBUNGEN
HERAUSGEGEBEN VON HANS LIETZMANN

37

LITURGISCHE TEXTE

V

MARTIN LUTHERS
DEUTSCHE MESSE

1526

HERAUSGEGEBEN

VON

D. HANS LIETZMANN
O. PROFESSOR IN JENA

PREIS: 0,40 M.

BONN
A. MARCUS UND E. WEBER'S VERLAG
1909

(Fortsetzung siehe 3. Umschlagseite.)

Den text gebe ich nach dem zweiten Wittenberger druck (B in der Weim. Ausg. 19, 60), der die groben versehen der flüchtigen ersten ausgabe A beseitigt hat. Titel Deudsche | Messe vnd ord=|nung Gottis | diensts. | Martinus Luther. | Wittemberg. | in einem zierrahmen von ranken, unten vier hirsche. sign. A ij bis F iij. exemplar der Jenenser Universitätsbibliothek Bud. Var. q (so! nicht o, wie in Kl. T. 21 S. 3 gesagt ist) 635 (8). Druckfehler des originals: s. 6 z. 8 **werde?** s. 11 z. 6 **Preriodus.** Aus rücksicht auf den preis habe ich die singnoten weggelassen und keine sachlichen anmerkungen gegeben. H. L.

p. 72 Weim. Ausg.

Vorrhede Martini Luther.

Vor allen dingen wil ich gar freundlich gebeten haben / auch vmb Gottis willen / alle die ienigen / so diese vnser ordnunge ym Gottis dienst sehen / odder nach folgen wollen / das sie ia keyn nöttig gesetz draus machen / noch yemands gewissen damit verstricken odder fahen / sondern der Christlichen freyheyt nach / yhres gefallens brauchen / wie / wo / wenn vnd wie lange es die sachen schicken vnd foddern / Denn wyr auch solchs nicht der meynung lassen ausgehen / das wyr yemand darynnen meystern oder mit gesetzen regiern wolten / sondern / die weyl allenthalben gedrungen wird auff deudsche Messe vnd Gottis dienst / vnd gros klagen vnd ergernis gehet vber die mancherley weise der newen Messen / das eyn iglicher eyn eygens macht / etliche aus guter meynunge / ettliche auch aus furwitz / das sie auch was newes auffbringen / vnd vnter andern auch scheynen vnd nicht schlechte meyster seyen / wie denn der Christlichen freyheyt alle wegen geschicht / das wenig der selbigen anders gebrauchen / denn zu eygener lust odder nutz / vnd nicht zu Gottis ehre vnd des nehisten besserung. Wie wol aber eym iglichen das auff seyn gewissen gestellet ist / wie er solcher freyheyt brauche / auch niemands die selbigen zu weren oder zuuerbieten ist / so ist doch darauff zu sehen / das die freyheyt der liebe vnd des nehisten diener ist vnd seyn sol. Wo es denn also geschicht / das sich die menschen ergern odder yrre werden / vber solchem mancherley brauch / sind wyr warlich schuldig / die freyheyt eynzuzihen / vnd so viel es müglich ist / schaffen vnd lassen / auff das die leute sich an vns bessern vnd nicht ergern. Weyl denn an diser eusserlichen ordnung / nichts gelegen ist vnsers gewissens halben fur Gott / vnd doch den nehisten nutzlich seyn kan / sollen wyr der liebe nach / wie S. Paulus leret / darnach trachten / das wyr eynerley gesynnet seyn / vnd auffs beste es seyn kan / gleycher weyse vnd geberden seyn / gleych wie alle Christen eynerley tauffe / eynerley sacrament haben / vnd keynem eyn sonderlichs von Gott geben ist.

---

14 sich hervortun und nicht gewöhnliche meister 22 einziehen (z. B. die Segel) = beschränken 26 Rom 15, 5 27 so gut es möglich ist

2 Doch wil ich hiemit nicht begeren / das die ienigen / so bereyt yhre 73
gute ordnunge haben / oder durch Gottis gnaden besser machen konnen / dieselbigen faren lassen vnd vns weychen / Denn es nicht meyne meynunge ist / das gantze deudsche land / so eben müste vnser Wittembergische ordnung an nemen / Ists doch auch bis her nie geschehen / das die stiffte / klöster vnd pfarhen ynn allen stucken gleych weren gewesen / Sondern feyn were es / wo ynn eyner iglichen hirschafft der Gotts dienst auff eynerley weyse gienge / vnd die vmbligende stedlin vnd dörffer mit eyner stad gleych bardeten / ob die ynn andern hirschafften die selbigen auch hielten odder was besonders dazu thetten / sol frey vnd vngestrafft seyn. Denn summa / wyr stellen solche ordnunge gar nicht vmb der willen / die bereyt Christen sind / denn die bedurffen der dinge keyns / vmb wilcher willen man auch nicht lebt / sondern sie leben umb vnserwillen / die noch nicht Christen sind / das sie vns zu Christen machen / sie haben yhren Gottis dienst ym geyst. Aber vmb der willen mus man solche ordnunge haben / die noch Christen sollen werden / odder stercker werden / Gleich wie eyn Christen der tauffe / des worts vnd sacraments nicht darff / als eyn Christen / denn er hats schon alles / sondern als eyn sunder. Aller meyst aber geschichts vmb der eynfeltigen vnd des iungen volcks willen / wilchs sol vnd mus / teglich ynn der schrifft vnd Gottis wort geubt vnd erzogen werden / das sie der schrifft gewonet / geschickt / leufftig vnd kündig drynnen werden / yhren glauben zuuertretten / vnd andere mit der zeyt zu leren vnd das reych Christi helffen mehren / vmb solcher willen mus man lesen / singen / predigen / schreyben vnd dichten / vnd wo es hulfflich vnd fodderlich dazu were / wolt ich lassen mit allen glocken dazu leutten / vnd mit allen orgeln pfeyffen / vnd alles klingen lassen was klingen kunde / Denn darumb sind die bepstlichen Gottis dienste so verdamlich / das sie gesetze / werck vnd verdienst draus gemacht / und damit den glauben verdruckt haben / vnd die selbigen nicht gericht auff die iugent vnd eynfeltigen / die selbigen damit ynn der schrifft vnd Gottis wort zu vben / sondern sind selbst dran bekleiben / vnd halten sie als yhn selbst nutz vnd nöttig znr selickeyt / das ist der teuffel / Auff wilche weyse / die alten sie nicht geordnet haben noch gesetzt.

3 Es ist aber dreyerley vnterscheyd Gottis diensts vnd der Messe. Erstlich eyne latinsche / wilche wir zuuor haben lassen ausgehen / vnd heist Formula Misse. Dise wil ich hie mit nicht auffgehaben oder verendert 74
haben / sondern / wie wyr sie bis her bey vns gehalten haben / so sol sie noch frey seyn / der selbigen zu gebrauchen / wo vnd wenn es vns gefellet odder vrsachen bewegt / Denn ich ynn keynen weg wil die latinische sprache aus dem Gottis dienst lassen gar weg komen / denn es ist

---

1 bereits 4 eben = gleichmäßig 9 sich gebärdeten 17 bedarf 21 geläufig und kundig 24 förderlich 28 unterdrückt 31 kleben geblieben | als sich selbst nützlich 36 siehe Lit. Texte IV (Kl. T. Nr. 36).

myr alles vmb die iugent zu thun. Vnd wenn ichs vermöcht / vnd die Kriechische vnd Ebreische sprach were vns so gemeyn als die latinische / vnd hette so viel feyner musica vnd gesangs / als die latinische hat / so solte man eynen sontag vmb den andern / yn allen vieren sprachen / Deutsch / Latinisch Kriechisch / Ebreisch / messe halten / singen vnd lesen. Ich halte es gar nichts mit denen / die nur auff eyne sprache sich so gar geben / vnd alle andere verachten / Denn ich wolte gerne solche iugent vnd leute auffzihen / die auch ynn frembden landen kunden Christo nutze seyn / vnd mit den leuten reden / das nicht vns gienge / wie den Waldenser ynn Behemen / die yhren glauben ynn yhre eygene sprach so gefangen haben / das sie mit niemand konnen verstendlich vnd deutlich reden / er lerne denn zuuor yhre sprache / So thet aber der heylige geyst nicht ym anfange / Er harret nicht bis alle welt gen Jerusalem keme vnd lernet Ebreisch / sondern gab allerley zungen zum predig ampt das die Apostel reden kunden / wo sie hyn kamen / Disem exempel wil ich lieber folgen / vnd ist auch billich / das man die iugent ynn vielen sprachen vbe / wer weys wie Gott yhr mit der zeyt brauchen wird? dazu sind auch die schulen gestifftet.

4 Zum andern ist die deudsche Messe vnd Gottis dienst / da von wyr itzt handeln / wilche vmb der eynfeltigen leyen willen geordent werden sollen. Aber dise zwo weyse mussen wir also gehen vnd geschehen lassen / das sie offentlich ynn den kirchen fur allem volck gehalten werden / darunter viel sind / die noch nicht gleuben odder Christen sind / sondern / das mehrer teyl da steht und gaffet / das sie auch etwas newes sehen / gerade / als wenn wyr mitten vnter den türcken odder heyden auff eym freyen platz odder felde Gottis dienst hielten / denn hie ist noch keyne geordente vnd
75 gewisse versamlunge / darynnen man kunde nach dem Euangelio die Christen regiern / Sondern ist eyne offentliche reytzung zum glauben vnd zum Christēthum.

5 Aber die dritte weyse / die rechte art der Euangelischen ordnunge haben solte / muste nicht so offentlich auff dem platz geschehen vnter allerley volck / sondern die ienigen, so mit ernst Christen wollen seyn / vnd das Euangelion mit hand vnd munde bekennē / musten mit namen sich eyn zeychen / vnd etwo yn eym hause / alleyne sich versamlen / zum gebet / zu lesen / zu teuffen / das sacrament zu empfahen vnd andere Christliche werck zu vben. Jnn dieser ordnunge kund man die / so sich nicht Christlich hielten / kennen / straffen / bessern / ausstossen / odder ynn den bann thun / nach der regel Christi Matth. xviij. Hie kund man auch eyn gemeyne almosen den Christen aufflegen / die man williglich gebe vnd aus teylet vnter die armen / nach dem exempel S. Pauli .ij. Cor. ix. Hie durffts nicht viel vnd gros gesenges. Hie kund man auch eyn kurtze feine weyse mit der

---

9 damit es uns nicht ginge 38 Mat 18, 15 f. | 'almosen' hier fem. 40 II. Cor. 9, 1 ff. | bedürfte es

tauffe vnd sacrament halten vnd alles auffs wort vnd gebet vnd die liebe richten / Hie muste man eynen guten kurtzen Catechismum haben vber den glauben / zehen gebot vnd vater vnser. Kurtzlich / wenn man die leute und personen hette / die mit ernst Christen zu seyn begerten / die ordnunge vnd weysen weren balde gemacht. Aber ich kan und mag noch nicht eyne solche gemeyne odder versamlunge orden odder anrichten / Denn ich habe noch nicht leute vnd personen dazu / so sehe ich auch nicht viel / die dazu dringen. Kompts aber / das ichs thun mus vnd dazu gedrungen werde / das ichs aus gutem gewissen nicht lassen kan / so wil ich das meyne gerne dazu thun / vnd das beste so ich vermag / helffen. Inn des wil ichs bey den gesagten zwo weysen lassen bleyben / vnd offentlich vnter dem volck solchen Gottis dienst / die iugent zu vben vnd die andern zum glauben zu ruffen vnd zu reytzen / neben der predigt / helffen foddern / bis das die Christen / so mit ernst das wort meynen / sich selbst finden vnd anhalten / auff das nicht eyne rotterey draus werde / so ichs aus meynem kopff treyben wolte / Denn wir deudschen sind eyn wild / rho tobend volck / mit dem nicht leychtlich ist etwas an zufahen / es treybe denn die höhiste nott.

6 Wolan ynn Gottis namen. Ist auffs erste ym deudschen Gottis 76
dienst / eyn grober / schlechter / eynfeltiger guter Catechismus von nöten. Catechismus aber heyst eyne vnterricht / damit man die heyden / so Christen werden wollen / leret vnd weyset / was sie gleuben / thun / lassen vnd wissen sollen ym Christenthum / da her man Catechumenos genennet hat / die leer iungen / die zu solcher vnterricht angenomen waren / vnd den glaubē lernten / ehe denn man sie teuffet. Dise vnterricht odder vnterweysunge / weys ich nicht schlechter odder besser zu stellen / denn sie bereyt ist gestellet von anfang der Christenheyt / vnd bis her blieben / nemlich die drey stuck / die zehen gebot / der glaube vnd das vater vnser. Inn disen dreyen stucken steht es schlecht vnd kurtz fast alles was eym Christen zu wissen not ist. Dise vnterricht mus nu also geschehen weyl man noch keyne sonderliche gemeyne hat / das sie auff der Cantzel / zu ettlichen zeytten odder teglich wie das die not foddert / fur gepredigt werde / vnd daheymen ynn heusern / des abents vnd morgens / den kindern vnd gesinde / so man sie wil Christen machen / fur gesagt odder gelesen werde. Nicht alleyne also / das sie die wort auswendig lernen noch reden / wie bis her geschehen ist / sondern von stuck zu stuck frage vnd sie antworten lasse / was eyn iglichs bedeute / vnd wie sie es verstehen. Kan man auff eyn mal nicht alles fragen / so neme man eyn stuck fur / des andern tages eyn anders / Denn wo die eltern odder verweser der iugent diese muhe durch sich selbs oder andere nicht wollē mit yhn haben / so wird nymer

---

2 Catechismum: s. z. 20 ff. und s. 8, 14 also 'haben' etwa = abhalten 8 sich drängen 13 fördern 14 und darum anhalten 15 'so' = wenn 29 'fast' = genau 30 'weil' = solange 32 vorgepredigt

mehr keyn Cathechismus angericht werden / Es keme deñ da zu / das man eyne sonderliche gemeyne anrichtet / wie gesagt ist.

7 Nemlich also sol man sie fragen / Was bettestu? Antwort / das vater vnser. Was ists denn / das du sprichst / Vater vnser ym hymel? Antwort / Das Got nicht eyn yrdenischer / sondern ein hymlischer vater ist der vns ym hymel wil reich vnd selig machen. Was heyst denn deyn name werde geheyliget? Antwort / das wyr seynen namen sollen ehren vnd schonen / auff das er nicht geschendet werde. Wie wird er denn geschendet vnd entheyliget? Antwort / Wenn wir / die seyne kinder
77 sollen seyn / vbel leben / vnrecht leren vnd gleuben. Vnd so fort an / was Gottis reych heysse / wie es kompt / was Gottis wille / was teglich brod etc. heysse. Also auch ym glauben / wie gleubestu? Antwort / Jch gleube an Gott vater / durchaus. Dar nach von stuck zu stuck / darnachs die zeyt gibt / eynes odder zwey auff eyn mal. Also / was heyst an Gott den vater almechtigen gleuben? Antwort / Es heyst / wenn das hertze yhm gantz vertrawet / vnd sich aller gnaden / gunst / hulffe vnd trost / zu yhm gewislich versihet / zeytlich vnd ewiglich. Was heyst an Jhesum Christ seynen son gleuben? Antwort. Es heyst / wenn das hertze gleubt / das wyr alle verlorn weren ewiglich / wo Christus nicht fur vns gestorben were etce. Also auch ynn den zehen gebotten mus man fragen / Was das erst / das ander / das dritte vnd andere gebot deutten / Solche fragen mag man nemen aus dem vnsern betbuchlin / da die drey stuck kurtz ausgelegt sind / odder selbs anders machen / bis das man die gantze summa des Christlichen verstands ynn zwey stucke als ynn zwey secklin fasse ym hertzen / wilchs sind / glaube ynd liebe / Des glauben secklin habe zwey beutlin / ynn dem eynem beutlin stecke das stuck / das wyr gleuben / wie wyr durch Adams sunde / alzumal verderbt / sunder vnd verdampt sind / Ro. v. psal. l. Jm andern stecke das stucklin / das wyr alle durch Jesum Christ / von solchem verderbten / sundlichem verdampten wesen / erlöset sind Ro. v. Joh. iij. Der liebe secklin habe auch zwey beutlin / Jnn dem eynen stecke dis stucke / das wyr ydermann sollen dienen vnd wolthun wie vns Christus than hat. Ro. xiij. Jm andern stecke das stücklin / das wyr allerley böses gerne leyden vnd dulden sollen.

8 Wenn nu eyn kind begynnet solchs zu begreyffen / das mans gewene / aus den predigeten sprüche der schrifft mit sich zu bringen / vnd den eltern auffzusagen / wenn man essen wil vbertische / gleych wie man vorzeytten das latin auffzusagen pfleget / vnd darnach die sprüche yn die secklin vnd beutlin stecken / wie man die pfennige vnd grossen odder gulden ynn die tasschen steckt. Als / des glaubens secklin sey das gulden secklin ynn das erste beutlin gehe diser spruch. Ro. v. An eynes eynigen sunde / sind

---

21 bedeuten 22 'Eyn kurcz form der zcehen gepott' usw. 1520 WA 7, 194 EA 22, 1 25 des glaubens säcklein 28 Rom 5, 12 Psalm 51 (vulg. 50), 7 30 Rom 5, 15 ff. Joh 3, 16 f. 32 Rom 13, 8 36 bei tische 40 Rom 5, 15

sie alle sunder vnd verdampt worden / Vnd der Psal. l. Sihe ynn sunden byn ich empfangen / vnd ynn vnrecht trug mich meyne mutter. Das sind zween reynische gulden ynn das beutlin. Inn das ander beutlin gehen die 78
vngerischen gulden / als diser spruch. Ro. v. Christus ist fur vnser sund gestorben vnd fur vnser gerechtickeyt aufferstanden / Item Joh. iij. Sihe das ist Gottis lamb / das der welt sunde tregt. Das weren zween gute vngerische gulden ynn das beutlin. Der liebe secklin sey das sylberne secklin / Inn das erste beutlin gehen die sprüche vom wolthun / als Gal. iiij. Dienet vnternander ynn der liebe. Matth. xxv. Was yhr eynem aus meynen geringsten thut / das habt yhr myr selb gethan. Das weren zween silbern grosschen ynn das beutlin. Inn das ander beutlin gehe diser spruch Matth. v. Selig seyt yhr / so yhr verfolget werdet vmb meynen willen. Ebre. xij. Wen der herr liebet / den züchtiget er / Er steupt aber eynen iglichen son / den er auffnympt. Das sind zween schreckenberger ynn das beutlin. Vnd las sich hie niemand zu klug duncken vnd verachte solch kinder spiel. Christus / da er menschen ziehen wolte / muste er mensch werden / Sollen wyr kinder ziehen / so mussen wyr auch kinder mit yhn werden / Wolt Gott / das solch kinderspiel wol getrieben wurde / man solt ynn kurtzer zeyt grossen schatz von Christlichen leuten sehen / vnd das reyche seelen ynn der schrifft vnd erkentnis Gottis wurden / bis das sie selbs diser beutlin / als locos Communes mehr machten / vnd die gantze schrifft dreyn fasseten / sonst gehets teglich zur predigt / vnd gehet widder dauon / wie es hynzu gangen ist. Denn man meynet / es gelte nichts mehr / denn die zeit zu hören / gedenckt niemant etwas dauon zu lernen odder behalten. Also höret manchs mensch drey / vier iar predigen / vnd lernt doch nicht / das auff eyn stuck des glaubens kund antworten / wie ich teglich wol erfare. Es steht ynn buchern gnug geschrieben / Ja es ist aber noch nicht alles ynn die hertzen getrieben.

Von dem Gottis dienst.

9 Weyl alles Gottis diensts / das grössist vnd furnempst stuck ist / Gottis wort predigen vnd leren / halten wyrs mit dem predigen vnd lesen also. Des heyligen tags odder Sontags lassen wyr bleyben die gewonlichen Epistel vnd Euangelia / vnd haben drey predigt. Frue vmb funffe odder sechse / singet man etliche psalmen / als zur metten / Darnach predigt man die Epistel des tages / aller meyst vmb des gesindes willen / das 79
die auch versorget werden vnd Gottis wort hören / ob sie ia ynn andern predigeten nicht sein kundē / Darnach eyn antiphen vnd das Te deum laudamus odder Benedictus vmb einander / mit eynem Vater vnser / Collecten vnd Benedicamus domino. Vnter der Messe vmb acht odder neune / predigt man das Euangelion / das die zeyt gibt durchs iar. Nach mittage

---

1 Psalm 51, 7 4 Rom 4 (so!), 25 5 Joh 1 (so!), 29 8 Gal 5 (so!), 13 9 Mat 25, 40 12 Mat 5, 11 13 Hebr 12, 6 14 eine aus dem silberbergwerk des Schreckenberges bei Annaberg stammende münze (1/8 gulden) 26 daß er . . könnte 40 d. h. nach den perikopen des katholischen missale

vnter der vesper / fur dem Magnificat / predigt man das alte testament / ordentlich nach eynander. Das wyr aber die Episteln vnd Euangelia nach der zeyt des iars geteylet / wie bis her gewonet / halten / Ist die vrsach / Wyr wissen nichts sonderlichs ynn solcher weyse zu taddeln / So ists mit Wittemberg so gethan zu diser zeyt / das viel da sind / die predigen lernen sollen an den orten / da solche teylung der Episteln vnd Euangelia noch geht vnd villeycht bleybt. Weyl man denn mag den selbigen damit nütze seyn vnd dienen / on vnser nachteyl / lassen wyrs so geschehen / damit wyr aber nicht die taddeln wollen / so die gantzen bucher der Euangelisten fur sich nemen. Hie mit achten wyr habe der leye predigt vnd lere gnug / wer aber mehr begerd / der findet auff andere tage gnug.

10 Nemlich des Montags vnd Dinstags frue geschihet eyne deudsche lection / von den zehen geboten / vom glauben vnd vater vnser / von der tauffe vnd sacrament / das dise zween tage / den Catechismen erhalten vnd stercken ynn seym rechten verstand. Des Mitwochens frue / aber eyn deudsche lection / dazu ist der Euangelist Mattheus gantz geordenet / das der tag sol seyn eygen seyn / weyl es ja zumal eyn feyner Euangelist ist fur die gemeyne zu leren vnd die gute predigt Christi auff dem berge gethan / beschreybt / vnd fast zu vbung der liebe vnd guten werck helt. Aber den Euangelisten Johannes / wilcher zu mal gewaltiglich den glauben leret / hat auch seynen eygen tag / den Sonnabent nach mittage vnter der vesper / das wyr also zween Euangelisten ynn teglicher vbung halten. Der dornstag / freytag / frue morgens / haben die teglichen wochen lection 80 ynn den Episteln der Aposteln vnd was mehr ist ym newen testament. Hie mit sind lection vnd predigt gnug bestellet / das Gottis wort ym schwang zu halten / on was noch sind lection ynn der hohen schulen fur die gelerten.

11 Fur die knaben vnd schuler ynn der Biblia zu vben gehets also zu. Die wochen vber teglich / fur der lection / singen sie ettliche psalmen latinisch / wie bis her zur metten gewonet / denn / wie gesagt ist / wyr wollen die iugent bey der latinschen sprachen ynn der Biblia behalten vnd vben / Nach den psalmen lesen die knaben eyner vmb den andern zween odder drey eyn Capitel latinsch aus dem newen testament / darnachs lang ist / Darauff liset eyn ander knabe dasselbige capitel zu deudsch sie zu vben / vnd ob yemands von leyen da were vnd zu höret. Darnach gehen sie mit eyner antiphen zur deudschen lection / dauon droben gesagt ist. Nach der lection singet der gantze hauffe eyn deudsch lied / darauff spricht man heymlich eyn vater vnser / Darnach der pfarherr odder Capplan eyne Collecten / vnd beschliessen mit dem benedicamus domino / wie gewonet ist.

12 Desselbigen gleychen zur vesper / singen sie etliche der vesper psalmen / wie sie bis her gesungen sind / auch latinsch mit eyner antiphen / darauff eynen hymnus / so er fur handen ist / Darnach lesen sie abermal eyner

---

8 womit 19 und sehr zur übung . . anhält 26 'on' = außer

vmb den andern zween odder drey latinſch aus dem alten teſtament / eyn gantzes odder halbes Capitel / darnachs lang iſt / Darnach lieſet eyn knabe daſſelbige Capitel zu deudſch / Darauff das magnificat zu latein / mit eyner antiphen / odder lied / Darnach eyn vater vnſer heymlich / vnd die Collecten mit dem Benedicamus. Das iſt der Gottis dienſt teglich durch die wochen ynn ſtedten da man ſchulen hat.

Des Sontags fur die leyen.

13 Da laſſen wyr die Meſſegewand / altar / liechter noch bleyben / bis ſie alle werden / odder vns gefellet zu endern / wer aber hie anders wil faren / laſſen wyr geſchehen / Aber ynn der rechten Meſſe vnter eyttel Chriſten / muſte der altar nicht ſo bleyben / vnd der prieſter ſich ymer zum volck keren / wie on zweyffel Chriſtus ym abendmal gethan hat. Nu das erharre ſeyner zeyt.

14 Zum anfang aber ſingen wyr eyn geyſtlichs lied / odder eynen deudſchen Pſalmen ynn primo tono auff die weyſe wie folget.

Ich wil den herrn loben alle zeyt / Seyn lob ſol ymerdar ynn 81
meynem munde ſeyn. Meyne ſeele ſol ſich rhůmen des herrn / Das die
elenden hören vnd ſich frewen. Preyſet mit myr den herrn Vnd laſt vns
miteynander ſeynen nhamen erhöhen. Da ich den herren ſucht / antwort
er myr vnd errettet mich aus aller meyner furcht. Wilche auff yhn ſehen / 82
werden erleucht / Vnd yhr angeſicht wird nicht zu ſchanden. Da dieſer
elende rieff / höret der herr / Vnd halff yhm aus allen ſeynen nöten. Der
engel des herrn lagert ſich vmb die her / ſo yhn furchten / Vnd hilfft yhn
aus. Schmeckt vnd ſeht / wie freuntlich der herre iſt / wol dem man
der auff yhn thrawet. Furchtet yhn ſeyne heyligen / Denn die yhn furchten 83
haben keynen mangel. Die reychen muſſen darben vnd hungern / Aber
die den herrn ſuchen haben keynen mangel an yrgend eynem gut. Her zu
kinder hört myr zu / Ich wil euch die furcht des herren leren. Wer iſt
der luſt hat zu leben? vnd wundſcht gute tage zu ſehen. Behůt deyne
zunge fur vbel / vnd deyne lippen das ſie nicht betrug reden. Las vom 84
böſen vnd thu guts / Suche frid vnd iag yhm nach. Die augen des herrn
ſehen auff die gerechten / vnd ſeyne oren auff yhr ſchreyen. Das andlitz
des herrn ſteht vber die ſo böſes thun / das er yhr gedechtnis ausrotte
vom lande. Wenn die gerechten ſchreyen / ſo höret der herr vnd errettet 85
ſie aus all yhrer not. Der herr iſt nahe bey denen die zu brochens hertzen ſind / vnd hilfft denen die zur ſchlagen gemuet haben. Der gerechte
mus viel leyden / aber der herr hilfft yhm aus dem allen. Er bewaret
yhm alle ſeyne gebeyne / das der nicht eyns zubrochen wird. Den gottloſen
wird das vnglůck tödten / vnd die den gerechten haſſen werden ſchuld haben. 86
Der herr erlöſet die ſeele ſeyner knechte / vnd alle die auff yhn trawen /
werden keyne ſchuld haben.

---

15 'in primo tono' = in der erſten kirchentonart, welche auf D steht. Ps. 34 26 das original gibt zu z. 16—41 noten 35 zerbrochenes 36 zerschlagen

15 Darauff Kirie Eleison / auch ym selben thon / drey mal vnd nicht neun mal / wie folget.

Kyrie Eleison. Christe Eleison. Kyrie Eleison.

16 Darnach lieset der priester eyne Collecten ynns Ffaut ynn vnisono / wie folget.

Almechtiger Gott / der du bist eyn beschutzer aller die auff dich hoffen / an wilchs gnad niemand ichts vermag / noch etwas fur dyr gild / lasse deyne barmhertzigkeyt vns reychlich widderfarn / auff das wyr durch deyn
87 heyliges eyngeben dencken was recht ist / vnd durch deyne krafft auch dasselbige volbringen / vmb Jhesus Christus vnsers herrn willen. Amen.

17 Darnach die Epistel ynn octauo Tono / das er ym vnisono der Collecten gleych hoch bleybe / cuius regule sunt iste.

Periodus est finis sententie.
Colon est membrum Periodi.
Coma est incisio vel membrum Coli.

¶ Regule huius melodie.

Initium. Coma. Coma aliud. Colon. Periodus. Questio. Finale.

Exemplum.

88 So schreybt der heylig Apostel Paulus zu den Corinthern. Lieben bruder / da fur halte vns yederman / nemlich fur Christus diener / vnd haushalter vber Gottis geheymnis. Nu sucht man nicht mehr an den haushalltern / denn das sie trew erfunden werden. Myr ists aber eyn
89 gerings / das ich von euch gerichtet werde / odder von eynem menschlichen tage / Auch richte ich mich selber nicht. Jch bin wol nichts myr bewust / aber darynn byn ich nicht gerechtfertiget. Der herr aber ists / der mich richtet. Darumb richtet nicht fur der zeyt / bis der herre kome / wilcher auch wird ans liecht bringen / was ym finstern verborgen ist / vnd den
90 rad der hertzen offinbaren / Als denn wird eym iglichen von Gott lob widderfaren.

Er sol aber die Epistel lesen mit dem angesicht zum volck gekert / Aber die Collecten mit dem angesicht zum altar gekeret.

18 Auff die Epistel singet man eyn deudsch lied / Nu bitten wyr den heyligen geyst / odder sonst eyns / vnd das mit dem gantzen Chor.

19 Darnach lieset er das Euangelion ynn quinto tono / auch mit dem angesicht zum volck gekeret.

---

3 zu dieser zeile noten im original 4 in ‘F-fa-ut’ d. h. F, und zwar ‘unisono’ d. h. ohne modulationen 11 die achte tonart steht auf D 17 hierzu noten im original. Es wird angegeben die tonfolge, in welcher der ‘anfang’ zu singen ist, dann die verschiedenen cadenzen, welche am ende eines kleineren (comma) oder größeren (colon) sinnabschnittes, bei einer frage (quaestio) und am ende (finale) der epistelrecitation anzuwenden sind. Der text läuft abgesehen von diesen cadenzen immer in demselben ton F.
Es folgt in zeile 19—29 ein mit noten versehenes beispiel für den vortrag der epistel: I Cor 4, 1—5 32 Kleine Texte Nr. 24/25 S. 15 34 die ‘fünfte’ tonart steht auf F.

Cuius melodie sunt iste regule.
Initium Coma Coma aliud Colon. Periodus finale.
Vox personarum. 91
Coma Coma aliud Colon. Periodus. Questio Finale.
Vox Christi.
Coma. Colon. Periodus. Questio Finale.
Exemplum Euangelij Dominice quarte in aduentu. vt sequitur.

So schreybt der heylig Johannis ynn seym Euangelion. Diss ist das
zeugnis Johannis / Da die Juden sandten von Jerusalem / Priester vnd 92
Leuiten / das sie yhn fragten / Wer bistu? Vnd er bekand vnd leugnet
nicht / vnd er bekand / ich byn nicht Christus / Vnd sie fragten yhn /
Was denn? bistu Elias? Er sprach / Ich bins nicht. Bistu eyn Pro=
phet? Vnd er antwort / Neyn / Da sprachen sie zu yhm / Was bistu
denn / das wyr antwort denen geben / die vns gesand haben? was sagstu 93
von dir selbs? Er sprach / ich byn eyn ruffende stym ynn der wusten /
richtet den weg des herrn / wie der Prophet Isaias gesaget hat / Vnd
die gesand waren / die waren von den Phariseern vnd fragten yhn vnd
sprachen zu yhm / Warumb teuffestu denn / so du nicht Christus bist /
noch Elias / noch eyn Prophet? Johannis antwort yhn vnd sprach / 94
Ich teuffe mit wasser / aber er ist mitten vnter euch getretten / den yhr
nicht kennet / der ists / der nach myr komen wird / wilcher vor myr ge=
wesen ist / des ich nicht werd byn / das ich seyne schuchrymen aufflöse.
Dis geschach zu Betharaba iensit des Jordans / da Johannes teuffet.

20 Nach dem Euangelio singt die gantze kirche den glauben zu deudsch / 95
Wyr gleuben all an eynen gott

21 Darnach gehet die predigt vom Euangelio des Sontags odder fests.
Vnd mich dunckt / wo man die deudsche postillen gar hette durchs iar /
Es were das beste / das man verordente / die postillen des tages / gantz
odder eyn stucke / aus dem buch dem volck fur zu lesen / nicht alleyne
vmb der prediger willen / die es nicht besser kunden / sondern auch vmb
der schwermer vnd secten willen zuuerhüeten / wie man sihet vnd spuret
an den Homilien ynn der metten / das etwa eben auch solche weyse ge=
wesen ist / Sonst wo nicht geystlicher verstand vnd der geyst selbst redet
durch die prediger / (wilchem ich nicht wil hiemit zil setzen / der geyst
leret wol bas reden den alle postillen vnd Homilien /) so kompts doch
endlich dahyn / das eyn iglicher predigen wird / was er wil / vnd an
stat des Euangelij vnd seyner auslegunge / widderumb von blaw endten
gepredigt wird / Denn auch das der vrsachen eyne ist / das wyr die
Episteln vnd Euangelia / wie sie ynn den postillē geordenet stehen / be=

2 4 6 mit noten. Beim vortrag des evangeliums werden die worte des evangelisten, die der auftretenden personen und die Christi durch tonhöhe und modulation unterschieden. Wir kennen diese sitte aus den oratorien 8—23 Joh. 1, 19—28 als beispiel mit noten 25 Kleine Texte Nr. 24/25 S. 17 32 vgl. das Breviarium romanum 35 besser

halten / das der geyſtreichen prediger wenig ſind / die eynen gantzen Euangeliſten odder ander buch / gewaltiglich vnd nützlich handeln mugen.

22 Nach der predigt ſol folgen eyne offentliche paraphraſis des vater vnſers / vnd vermanung an die ſo zum ſacrament gehen wollen / auff die odder beſſer weyſe wie folget.

Lieben freunde Chriſti / weyl wir hie verſamlet ſind / ynn dem namen des herrn / ſeyn heyliges teſtament zu empfahen / So vermane ich euch auffs erſte / das yhr ewer hertze zu gott erhebt / mit mir zu betten das vater vnſer / wie vns Chriſtus vnſer herr geleret vnd erhorung troſtlich zugeſagt hat.

Das Gott vnſer vater ym hymel vns ſeyne elende kinder auff erden barmhertziglich anſehẽ wolte / vnd gnade verleyhen / das ſeyn heyliger name unter vns vnd in aller welt geheyliget werde / durch reyne rechtſchaffne lere ſeines worts / Vnd durch brunſtige liebe vnſers lebens / Wolte gnediglich abwenden alle falſche lere vnd böſes leben / darynn ſeyn werder name geleſtert vnd geſchendet wird.

96 Das auch ſeyn reych zu kome vnd gemehret werde / alle ſunder / verblendte vnd vom teuffel ynn ſeyn reych gefangen / zur erkentnis des rechten glaubens an Jheſum Chriſt ſeynen ſon bringen / vnd die zal der Chriſten groſs machen.

Das wyr auch mit ſeym geyſt geſterckt werden / ſeynen willen zu thun vnd zu leyden / beyde ym leben vnd ſterben / ym guten vnd boſen / alzeyt vnſern willen brechen / opffern vnd todten.

Wolt vns auch vnſer teglich brot geben / fur geytz vnd ſorge des bauchs behueten / ſondern vns alles guts gnug zu yhm verſehen laſſen.

Wolt auch vns vnſer ſchuld vergebẽ / wie wyr denn vnſern ſchuldigern vergeben / das vnſer hertz eyn ſicher frölich gewiſſen fur yhm habe / vnd fur keyner ſunde vns nymmer furchten noch erſchrecken.

Wolt vns nicht eyn furen ynn anfechtunge / ſondern helffe vns durch ſeynen geyſt / das fleyſch zwingen / die welt mit yhrem weſen verachten / vnd den teuffel mit allen ſeynen tücken vberwinden.

Vnd zu letzt vns wolt erloſen von allem vbel / beyde leyblich vnd geyſtlich / zeytlich vnd ewiglich. Wilche das alles mit ernſte begeren / ſprechen von hertzen Amen / on allen zweyffel gleubend / es ſey ia / vnd erhöret ym hymel / wie vns Chriſtus zuſagt / Was yhr bittet gleubt das yhrs haben werdet / ſo ſols geſchehen Amen.

Zum andern vermane ich euch ynn Chriſto / das yhr mit rechtem glauben des teſtaments Chriſti war nehmet / vnd allermeiſt die wort / darynnen vns Chriſtus ſein leyb vnd blut zur vergebung ſchenckt / ym hertzen feſte faſſet / das yhr gedenckt vnd danckt der grundloſen liebe / die er vns bewyſen hat / da er vns durch ſeyn blut von gots zorn ſund / todt vnd helle erloſet hat / vnd darauff euſſerlich das brod vnd weyn / das iſt

---

16 werter 17 'zukomme' = adveniat 18 gefangene 19 'bringen' erg. 'dass Gott wollte' aus z. 15 35 Mc 11, 24

seynen leyb vnd blut / zur sicherung vnd pfand zu euch nemet. Dem nach wollen wir ynn seinem namen / vnd aus seynem befelh / durch seyne eygene wort das testament also handeln vnd brauchen.

23 Ob man aber solche paraphrasin vnd vermanung wolle auff der Cantzel flux auff die predigt thun / odder fur dem altar / las ich frey eym iglichen seyne wilkore. Es sihet / als habens die alten bis her / auff der Cantzel gethan / daher noch blieben ist / das man auff der Cantzel gemeyn gebet thut / odder das vater vnser fur spricht. Aber die vermanung zu eyner offentlichen beycht worden ist. Denn da mit bliebe das vater vnser mit 97
eyner kurtzen auslegung ym volck / vnd wurde des herrn gedacht / wie er befolhen hat am abend essen.

24 Ich wil aber gebeten haben / das man die selbige paraphrasis vnd vermanunge / conceptis / seu prescriptis verbis odder auff eyn sonderliche weyse stelle / umb des volcks willen / das nicht heute eyner also / der ander morgen anders stelle / vnd eyn iglicher seyne kunst beweyse / das volck yrre zu machen / das es nichts lernen noch behalten kan. Denn es ist ia vmb das volck zu leren vnd zu furen zuthun / darumb ists nott / das man die freyheyt hie breche / vnd eynerley weyse fure ynn solcher paraphrasi vnd vermanung / sonderlich ynn eynerley kirchen odder gemeyne fur sich / ob sie eyner andern nicht folgen wollen umb yhre freyheyt willen.

25 Darnach folget das ampt vnd dermunge / auff die weyse wie folgt.

Exemplum.

Vnser herr Jhesu Christ / ynn der nacht da er verraten ward / Nam er das brod / danckt vnd brachs / vnd gabs seynen iungern vnd sprach· Nempt 98
hyn vnd esset / das ist meyn leyb / der fur euch gegeben wird / Solchs thut so offt yhrs thut / zu meynem gedechtnis.

Desselben gleychen auch den kilch / nach dem abendmal vnd sprach / Nempt hyn vnd trincket alle draus / das ist der kilch / eyn new testament ynn meynem blut / das fur euch vergossen wird zur vergebung der sunde / 99
solchs thut / so offt yhrs trinckt / zu meynem gedechtnis.

Es dunckt mich aber / das es dem abendmal gemes sey / so man flux auff die consecration des brods / das sacrament reyche vnd gebe / ehe man den kilch segenet / Denn so reden beyde Lucas vnd Paulus / Desselben gleychen den kilch / nach dem sie gessen hatten etce. Vnd die weyl singe das deudsche sanctus / odder das lied / Got sey gelobet / odder Johans Hussen lied / Jhesus Christus vnser heyland / Darnach segene man den kilch vnd gebe den selbigen auch / vnd singe was vbrig ist von obgenanden liedern odder das deudsch Agnus dei / Vnd das man feyn orden-

6 seine willkür | es scheint 13 besondere 17 führen 19 besonders 20 'ob' = wenn 21 'amt' = abendmahlsfeier, 'dermung' = 'terminatio' = consecratio 23—30 mit noten I Cor 11, 23—25 33 Luc 22, 20 I Cor 11, 25 34 und unterdessen singe 35 Sanctus: s. s. 14 z. 13 ff. vgl. Kl. T. 24/25 S. 17 N. 26. Gott sei gelobet: ebenda S. 7 Nr. 4 36 Jesus Christus unser heiland: ebenda S. 8 Nr. 6 38 Agnus dei: Christe du lamm Gottes, bereits vor Luther verdeutscht

lich vnd zuchtig zu gehe / nicht man vnd weyb vnternander / sondern die weyber nach den mennern / darumb sie auch von eynander an sondern orten stehen sollen. Wie man sich aber mit der heymlichen beycht halten solle / hab ich sonst gnug geschrieben / vnd man findet meyne meynunge ym betbuchlin.

Das auffheben wollen wyr nicht abthun / sondern behalten / darumb / das es feyn mit dem deudschen Sanctus stymmet / vnd bedeut / das Christus befolhen hat / seyn zu gedencken / Denn gleych / wie das sacrament wird leyblich auffgehaben / vnd doch drunter Christus leyb vnd blut nicht wird gesehen / also wird durch das wort der predigt seyner gedacht vnd erhaben / dazu mit empfahung
100 des sacraments bekand vnd hoch gehret / vnd doch alles ym glauben begriffen vnd nicht gesehen wird / wie Christus seyn leyb vnd blut fur vns gegeben / vnd noch teglich fur vns bey gott / vns gnade zurlangen / zeyget vnd opffert.

Das deudsch Sanctus.

26 Jesaia dem propheten das geschach / das er ym geyst den herren sitzen sach / auff eynem hohen thron ynn hellem glantz / seynes kleydes saum den
101 kor fullet gantz / Es stunden zween seraph bey yhm daran / Sechs flugel sach er eynen ydern han / mit zwen verbargen sie yhr antlitz klar / mit zwen bedeckten sie die fusse gar / vnd mit den andern zwen sie flogen frey / gen ander ruffen sie mit grossem schrey / Heylig ist Gott der herre zebaoth /
102 Heilig ist Gott der herre sebaoth / Heilig ist gott der herre zebaoth / Sein ehr die gantze welt erfullet hat / von dem schrey zittert schwel vnd balcken gar das haus auch gantz vol rauchs vnd nebel war.

27 Darnach folget die Collecten mit dem segen.

Wyr dancken dir almechtiger herr gott / das du vns durch dise heylsame gabe hast erquicket / vnd bitten deyne barmhertzigkeyt / das du vns solchs gedeyen lassest zu starckem glauben gegen dir / vnd zu brinstiger liebe vnter vns allen / vmb Jhesus Christus vnsers herrn willen. Amen.

Der herr segene dich vnd behuete dich.

Der herr erleuchte seyn angesicht vbir dyr / vnd sey dyr gnedig.

Der herr hebe seyn angesicht auff dich / vnd gebe dyr frid.

¶ Exercitatio odder vbunge der melodeyen.

28 Auff das man sich wol lerne schicken ynn melodeyen / vnd wol gewone der Colon / Comaten vnd der gleychen pausen / setze ich hie noch eyn exempel / Eyn ander mag eyn andere nemen.

108 Die Epistel.

So schreybt S. Pauel der heylig Apostel Jhesu Christi / zu den Corinthern. Dafur halt vns yederman / nemlich fur Christus diener / vnd haushalter vbir gottis geheymnis / Nu sucht man nicht mehr an den haushaltern / denn das sie trew erfunden werden / Mir aber ists eyn ge-

---

2 besonderen, gesonderten 3 verhalten 4 vgl. 'Von der beicht' WA 8, 129 EA 27, 318. 'Von beider gestalt des sacraments' WA 10b, 1 EA 28, 308. Das 'betbüchlein' ist die 'kurze unterweisung, wie man beichten soll' WA 2, 57 EA 21, 245 ff. 5 'aufheben' = elevation 7 vgl. de abroganda missa privata WA 8, 447. EA op. lat. v. a. 6, 168 deutsch EA 28, 88 36 bis s. 15 z. 13 mit noten I Cor 4, 1—8

rings / das ich von euch gerichtet werde / odder von eynem menschlichem tage / 104
Auch richte ich mich selbest nicht / Ich bin wol nichts mir bewust / aber darynn
bin ich nicht gerechtfertiget / Der herr ists aber der mich richtet / Darumb rich=
tet nichts fur der zeyt / bis der herre komme / wilcher auch wirt ans liecht
bringen was ym finstern verborgen ist / vnd den radt der hertzen offinbarn /
als dañ wirt eynem iglichen von got lob widderfaren. Solchs aber lieben 105
brůder / hab ich auff mich vnd Apollo gedeuttet / vmb ewret willen / das yhr
an vns lernet / das niemant hoher von sich halte / denn itzt geschrieben ist /
auff das sich nicht eyner widder den andern vmb yemands willen auffblase /
Denn wer hat dich fur zogen? was hastu aber / das du nicht empfangen 106
hast? was rhumestu dich denn / als der es nicht empfangen hette? Ir seyt
schon sat worden / yr seit schon reich worden / yr hirschet on vns / vnd
wolt gott yhr hirschetet / auff das auch wyr mit euch hirschen möchten.

Das Euangelium.

29 Hőret zu dem heyligen Euangelion. So spricht Jhesus Christus zu 107
seynen iungern / Niemant kan zweyen herren dienen / entwedder / er wird
eynen hassen / vnd den andern lieben / odder wird eynem anhangen / vnd
den andern verachten / Ir kund nicht gott dienen vnd dem Mammon /
darumb sag ich euch / sorget nicht fur ewer leben / was yhr essen vnd
trincken werdet / auch nicht fur ewren leyb / was yhr anziehen werdet / 108
Ist nicht das leben mehr denn die speis? vnd der leyb mehr denn das
kleyd? Seht die vogel vnter dem hymel an / sie sehen nicht / sie erndten
nicht / sie samlen nicht ynn die schewren / vnd ewer hymelischer vater
neret sie doch / Seyt yr denn nicht vielmehr deñ sie? Wer ist vnter euch der 109
seyner lenge eine elle zusetzen muge / ob er gleych drumb sorget? warumb
sorget yhr denn fur das kleid? Schawet an die lilien auff dem feld wie sie
wachsen / Sie erbten nicht / auch nehn sie nicht / Ich sage euch / das auch
Salomon yn aller seyner herlickeyt nicht bekleydet gewesen ist / als der
selbigen eyns. So dann Gott das gras auff dem feld also kleydet / das doch 110
heute steht / vnd morgen yn den ofen geworffen wirt / solt er das nicht viel
mehr euch thun? O yr kleyn gleubigen / darumb solt yr nicht sorgen vnd
sagen / was werden wir essen / was werden wyr trincken / wo mit werden wir
vns kleyden? Nach solchem allen trachten die heyden / Denn ewer hymelischer 111
vater weys / das yr des alles bedurffet / Tracht am ersten nach dem reych
Gottes / vnd nach seyner gerechtickeyt / So wirt euch solchs alles zufallen.
Drumb sorget nicht fur den andern morgen / denn der morgen tag wirt fur
das seyne sorgen. Es ist gnug / das eyn igklich tag seyn eygen vbel habe.

30 Das sey gesagt vom teglichen Gottis dienst / vnd vom wort Gottis 112
zu leren / allermeyst fur die iugent auff zu zyhen vnd fur die eynfeltigen
zu reytzen. Denn die ienigen / so aus furwitz vnd lust newer dinge gerne
zu gaffen / sollen solichs alles gar balde můde vnd vberdrůssig werden /
wie sie bis her auch ynn dem latinschen Gottis dienst gethan haben / da
man ynn den kirchen teglich gesungen vnd gelesen hat / vnd dennoch die

15—37 mit noten Mat 6, 24—33 27 arbeiten 41 zuschauen

kirchen wuſt vnd ledig blieben ſind / vnd ſchon bereyt auch ym deudſchen thun. Darumb iſts das beſte / das ſolcher gottis dienſt auff die iugent geſtellet werde / vnd auff die eynfeltigen / ſo zufals er zu komen. Es wil doch bey den andern / widder geſetz noch ordnung / noch vermanen noch treyben helffen / die las man faren / das ſie williglich vnd frey laſſen ym gotts dienſt / was ſie vnwillig vnd vngerne thun / Gott gefallen doch gezwungene dienſt nicht / vnd ſind vergeblich vnd verloren.

31 Aber mit den feſten / als Weynachten / Oſtern / Pfingſten / Michaelis / purificationis / vnd der gleychen / mus es gehen / wie bisher / latinſch / bis man deudſch geſang gnug dazu habe / Denn das werck iſt ym anheben / darumb iſts noch nicht alles bereyt / was dazu gehort / alleyne / das man wiſſe / wie es auff eynerley weyſe ſolle vnd muge zugehen / das der mancherley weyſe rad vnd maſs gefunden werde.

32 Die faſten / palmtag / vnd marterwochen laſſen wyr bleyben / nicht das wyr yemand zu faſten zwingen / ſondern das die paſſion vnd die Euangelia / ſo auff die ſelbige zeyt geordnet ſind / bleyben ſollen / doch nicht alſo / das man das hunger tuch / palmen ſchieſſen / bilde decken / vnd was des gauckel wercks mehr iſt / halten odder vier paſſion ſingen odder acht ſtunden am karfreytag an der paſſion zu predigen haben / ſondern die marterwoche ſol gleych / wie ander wochen ſeyn / on das man die paſſion predige /
113 des tages eyne ſtunde / durch die woche / odder wie viel tage es geluſtet / vnd das ſacrament neme / wer do wil / Denn es ſol ia alles / vmb des worts vnd ſacramenten willen vnter den Chriſten geſchehen ym gots dienſt.

33 Summa / diſer vnd aller ordnunge iſt alſo zu gebrauchen / das wo eyn misbrauch draus wird / das man ſie flux abthu / vnd eyne andere mache / gleych wie der künig Ezechias die eherne ſchlange / die doch got ſelbs befolhen hatte zu machen / darumb zubrach vnd abthet / das die kinder Iſrael derſelbigen miſbrauchten / denn die ordnung ſollen zu fodderung des glaubens vnd der liebe dienen / vnd nicht zu nachteyl des glaubens. Wenn ſie nu das nicht mehr thun ſo ſind ſie ſchon thot vnd abe / vnd gelten nichts mehr / gleych als wenn eyn gute muntze verfelſcht / umb des misbrauchs willen auffgehaben vnd geendert wird / odder als wenn die newen ſchuch alt werden vnd drucken / nicht mehr getragen / ſondern weg geworffen vnd ander gekaufft werden. Ordnung iſt eyn euſſerlich ding / ſie ſey wie gut ſie will / ſo kan ſie ynn misbrauch geratten / Denn aber iſts nicht mehr eyn ordnung / ſondern eyn vnordnung / darumb ſtehet vnd gilt keyne ordnung / von yhr ſelbs etwas / wie bis her die Bepſtliche ordnunge geachtet ſind geweſen / ſondern aller ordnunge leben / wirde / krafft vnd tugent / iſt der rechte brauch / ſonſt gilt ſie vnd taug gar nichts / Gotts geiſt vnd gnade ſey mit vns allen. Amē.

Gedruckt zu Wittemberg. Martinus Luther.
M.D.XXVj.

1 wüst und leer | bereits 3 herzukommen 4 weder 11 nur, daß man wisse 14 die passionswoche 20 'on' = nur 27 zerbrach 39 würde

Frommannsche Hofbuchdruckerei (Hermann Pohle) in Jena. — 3506

14 Griechische Papyri, ausgewählt und erklärt von Lic. Hans Lietzmann. 16 S. 0.40 M.

15/16 Der Prophet Amos, Hebräisch und Griechisch, herausgegeben von D. Johannes Meinhold und Lic. Hans Lietzmann. 32 S. 1.00 M.

17/18 Symbole der alten Kirche, ausgewählt von Prof. Lic. Hans Lietzmann. 32 S. 0.80 M.

19 Liturgische Texte II: Ordo missae secundum missale romanum, herausgegeben von Prof. Lic. Hans Lietzmann. 23 S. 0.40 M.

20 Antike Fluchtafeln, ausgewählt und erklärt von Prof. Dr. Richard Wünsch. 28 S. 0.60 M.

21 Die Wittenberger u. Leisniger Kastenordnung 1522, 1523, herausg. v. Prof. Lic. H. Lietzmann. 24 S. 0.60 M.

22/23 Die jüdisch-aramäischen Papyri von Assuan sprachlich u. sachlich erklärt von Lic. Dr. W. Staerk. 39 S. 1.00 M.

24/25 Martin Luthers geistliche Lieder herausgegeben von Prof. Dr. Albert Leitzmann. 31 S. 0 60 M.

26/27/28 Lateinische christliche Inschriften mit einem anhang jüdischer inschriften, ausgewählt und erklärt von Prof. Dr. Ernst Diehl. 48 S. 1.20 M.

29/30 Res gestae divi Avgvsti, herausgegeben und erklärt von Prof. Dr. Ernst Diehl. 39 S. 1.20 M.

31 Zwei neue Evangelienfragmente, herausgegeben und erklärt von H. B. Swete. 15 S. 0.40 M.

32 Aramäische Urkunden zur Geschichte des Judentums im VI und V Jahrhundert vor Chr., sprachlich und sachlich erklärt von Prof. Lic. Dr. W. Staerk. 16 S. 0.60 M.

33/34 Supplementum Lyricum, neue bruchstücke von Archilochus Alcaeus Sappho Corinna Pindar, ausgewählt und erklärt von Prof. Dr. Ernst Diehl. 35 S. 1.00 M.

35 Liturgische Texte III: Die konstantinopolitanische messliturgie vor dem IX jahrhundert: Uebersichtliche zusammenstellung des wichtigsten quellenmaterials von Dr. Anton Baumstark. 16 S. 0,40 M.

36 Liturgische Texte IV: Martin Luthers Von ordnung gottesdiensts, Taufbüchlein, Formula missae et communionis 1523 herausgegeben von Prof. D. Hans Lietzmann. 24 S. 0,60 M.

37 Liturgische Texte V: Martin Luthers Deutsche Messe 1526, herausgegeben von Prof. D. Hans Lietzmann. 16 S. 0,40 M.

Frommannsche Buchdruckerei (Hermann Pohle) in Jena. — 3506

FSC
www.fsc.org
MIX
Papier | Fördert
gute Waldnutzung
FSC® C083411

Kolibri 360 GmbH
Ferdinand-Jühlke-Straße 7
99095 Erfurt, Deutschland
produktsicherheit@kolibri360.de